BEI GRIN MACHT SICH IHR WISSEN BEZAHLT

- Wir veröffentlichen Ihre Hausarbeit,
  Bachelor- und Masterarbeit

- Ihr eigenes eBook und Buch -
  weltweit in allen wichtigen Shops

- Verdienen Sie an jedem Verkauf

Jetzt bei www.GRIN.com hochladen
und kostenlos publizieren

Bibliografische Information der Deutschen Nationalbibliothek:

Die Deutsche Bibliothek verzeichnet diese Publikation in der Deutschen National-
bibliografie; detaillierte bibliografische Daten sind im Internet über http://dnb.d-
nb.de/ abrufbar.

Impressum:

Copyright © 2017 GRIN Verlag
Druck und Bindung: Books on Demand GmbH, Norderstedt Germany
ISBN: 9783668523265

Dieses Buch bei GRIN:

https://www.grin.com/document/375091

Simon Schwind, Julia Oehlert

Urbanes Gebiet. Die neue Gebietskategorie der Baunutzungsverordnung (BauNVO)

GRIN Verlag

Technische Universität Berlin

Fakultät VI Planen, Bauen und Umwelt

Institut für Stadt- und Regionalplanung

Fachgebiet Orts-, Regional- und Landesplanung

Das Urbane Gebiet

Masterseminar

Umweltbelange in der Bauleitplanung II

Julia Oehlert

Simon Schwind

Inhaltsverzeichnis

Abkürzungsverzeichnis

Abs.	Absatz
Anm. d. Verf.	Anmerkung des Verfassers
BauGB	Baugesetzbuch
BauNVO	Baunutzungsverordnung
BGBl.	Bundesgesetzblatt
BImSchV	Bundes-Immissionsschutzgesetz
BMUB	Bundesministerium für Umwelt, Naturschutz, Bau und Reaktorsicherheit
BVerwG	Bundesverwaltungsgericht
Difu	Deutsches Institut für Urbanistik
EU	Europäische Union
e.V.	eingetragener Verein
FluglärmG	Gesetz zum Schutz gegen Fluglärm
GRZ	Grundflächenzahl
GFZ	Geschossflächenzahl
Hrsg.	Herausgeber
i.V.m.	in Verbindung mit
NJW	Neue Juristische Wochenschrift
Nr.	Nummer
NVwZ	Neue Zeitschrift für Verwaltungsrecht
Rn.	Randnummer
S.	Seite
TA Lärm	Technische Anleitung zum Schutz gegen Lärm
Urt. v.	Urteil vom
z.B.	zum Beispiel
ZfBR	Zeitschrift für deutsches und internationales Bau- und Vergaberecht

1. Einführung

Am 15.03.2017 trat die vierte Novellierung des BauGB in der 18. Legislaturperiode des Deutschen Bundestages in Form des Gesetzes zur Umsetzung der Richtlinie 2014/52/EU im Städtebaurecht und zur Stärkung des neuen Zusammenlebens in der Stadt in Kraft[1]. Die nachstehende Arbeit befasst sich mit dem zweiten Teil des Gesetzes, der „Stärkung des neuen Zusammenlebens in der Stadt" und der Novellierung der BauNVO[2], die die Einführung einer neuen Baugebietskategorie Urbane Gebiete in § 6 a BauNVO hervor brachte.

Urbane Gebiete sollen es den Kommunen erleichtern, innenentwicklungskonforme Gebiete zu planen[3]. Das neue Baugebiet soll zum einen die planerische Verwirklichung des Leitbilds der „nutzungsgemischten Stadt der kurzen Wege", in der wichtige Funktionen wie Wohnen, Arbeiten, Versorgung, Bildung, Kultur und Erholung räumlich nahe beieinander liegen sowie eine höhere Bebauungsdichte in Innenstadtlagen ermöglichen[4]. Zum anderen erweitert der Gesetzgeber den Handlungsspielraum für Kommunen hinsichtlich der durch Verdichtung entstehenden Konfliktlagen. Dies betrifft Nutzungskonkurrenzen sowie konfligierende Nutzungsansprüche und damit zunehmend auch Lärmschutzkonflikte, die insbesondere bei einer heranrückenden Wohnbebauung auftreten können. In Folge dessen wurde die TA Lärm parallel zur Einführung des neuen Gebietstyps geändert.[5]

Die erhöhte städtebauliche Dichte sowie die erleichterte Nutzungsmischung urbaner Gebiete sollen für mehr Lebendigkeit und Vielfalt im öffentlichen Raum und weniger Verkehr sorgen. Damit lehnt sich die Gesetzesnovellierung nach Hendricks bewusst an die „Leipzig Charta zur nachhaltigen europäischen Stadt" an.[6]

---

[1] BGBl. I 2017, S. 1057; zul. geä. durch Art. 6 des Gesetzes zur Anpassung des UmweltRechtsbehelfsgesetzes und anderer Vorschriften an europa- und völkerrechtliche Vorgaben, BGBl. I 2017, S. 1298.
[2] BauNVO i. d. F. der Bek. v. 23.01.1990 (BGBl. I S. 132), zul. geä. durch Art. 2 des Gesetzes v. 04. 05 2017 (BGBl. I S. 1057).
[3] Battis / Mitschang / Reidt, in: NVwZ 2017, S. 817 (824).
[4] BT-Drs. 18/10942 v. 23.01.2017, S. 32.
[5] Ebenda, S. 32.
[6] BR-Plenarprotokoll 216 v. 27.01.2017, S. 21677.

1.1 Anlass der Novellierung

Großer Befürworterin der Gesetzesnovellierung war die Freie und Hansestadt Hamburg, die seit 2014 in einer länderübergreifenden Arbeitsgruppe der Bauministerkonferenz zur sogenannten Großstadtstrategie an der Einführung einer neuen, modernen Gebietskategorie gearbeitet hat[7]. Dabei ging es um die Verdichtung in lärmvorbelasteten Gebieten sowie einer größtmöglichen Flexibilität für die Festlegung von Wohnflächen. Anwendungsfälle sah die Stadt Hamburg für neue Stadtquartiere, wie die HafenCity oder den Harburger Binnenhafen, welche allein auf Grund der dort zulässigen Nutzungen relativ laut sind. In beiden Fällen ging es um die Mischung von Wohnen mit hafenbezogenem und sonstigem Gewerbe, Büros, Hotels, Einzelhandel, Sozialen und Freizeiteinrichtungen.[8]

Auch die Flächenproblematik vieler Städte wird in diesem Zusammenhang als Anlass der Novellierung der BauNVO genannt. Den Befürwortern der Reform geht es dabei insbesondere um Konversionsgebiete, denen eine Wohnnutzung zugeführt und welche als neue Quartiere entwickelt werden sollen.[9]

1.2 Stimmen aus der Politik und Immobilienwirtschaft

Insgesamt begrüßen sowohl die Politik als auch die Wirtschaft die Einführung des Urbanen Gebiets. Bundesministerin Hendricks verheißt in einer Pressemitteilung des BMUB zur Baurechtsnovelle, dass die neue Gebietskategorie nun ein verdichtetes Bauen und Dachaufstockungen erleichtert und eine hohe Durchmischung von Wohnen, Arbeit und Freizeit ermöglicht.[10] „Wir brauchen dringend mehr bezahlbaren Wohnraum in den Ballungsräumen. Mit dem Urbanen Gebiet schaffen wir eine wichtige Voraussetzung für den Wohnungsbau in den Städten", so Hendricks.[11]

Der Zentrale Immobilien Ausschuss e.V., der sich für die Einführung des neuen Baugebietstyps eingesetzt hat, äußert sich hinsichtlich der flexiblen Nutzungsdurchmischung der Urbanen Gebiete besorgt und betont, dass die Novellierung des BauGB

---

[7] BR-Plenarprotokoll 956 v. 31.03.2017, S. 176.

[8] Walter: Bau und Überbau – Kommentar zur Ergänzung der BauNVO, in: Bauwelt 2016, S. 30 ff.

[9] BR-Plenarprotokoll 953 v. 10.02.2017, S. 47.

[10] BMUB Pressemitteilung am 31.03.2017. www.bmub.bund.de/pressemitteilung/baurechtsnovelle-ermoeglicht-verdichtetes-bauen-in-der-stadt-der-kurzen-wege.

[11] Ebd.

den Fokus der Stadtplanung nicht auf Wohngebäude richten darf. Insbesondere Büroimmobilien sowie eine hohe städtebauliche Dichte müssen wesentliche Bestandteile des urbanen Gebiets sein.[12] Auch der Deutsche Städtetag begrüßt das urbane Gebiet im Hinblick auf eine „städtebaulich wünschenswerte Innenentwicklung" und die Förderung des Wohnungsbaus.[13]

Die BauGB Novelle der Bundesregierung wurde von 2016 bis2017 von einem Planspiel des Difu begleitet, an dem die Kommunen Bamberg, Köln, Leipzig, Sylt, Tübingen und Zingst teilnahmen. Die Einführung des urbanen Gebiets wird von allen Städten grundsätzlich begrüßt und viele Änderungen der Novelle als praktikabel bewertet.[14]

Inwiefern die politischen Ziele und Äußerungen des Gesetzgebers über das urbane Gebiet bauplanungsrechtlich eingehalten werden können, soll in den folgenden Kapiteln dieser Arbeit geprüft werden.

2. Art der baulichen Nutzung

Das Urbane Gebiet (MU) stellt sich im Hinblick auf die zulässige Nutzungsstruktur als eine Kombination aus Mischgebiet (§ 6 BauNVO), Kerngebiet (§ 7 BauNVO) und besonderem Wohngebiet (§ 4a BauNVO) dar. Nachfolgend soll das Urbane Gebiet mit diesen drei Baugebietstypen in ihrer Zweckbestimmung, den allgemeinen und ausnahmsweise zulässigen Nutzungen und in ihren Regelungsmöglichkeiten nach Absatz 4 verglichen werden.

2.1 Allgemeine Zweckbestimmung

Im ersten Absatz jeder Baugebietskategorie werden die allgemeinen Zweckbestimmungen jedes Baugebietes ausgeführt. Nach § 6a Abs. 1 BauNVO dienen *Urbane Gebiete dem Wohnen sowie der Unterbringung von Gewerbebetrieben und sozialen, kulturellen und anderen Einrichtungen, die die Wohnnutzung nicht wesentlich stören. Die Nutzungsmischung muss nicht gleichgewichtig sein.*

---

[12] Mattner: Urbanes Gebiet: Neue Flexibilität für Innenstädte, in: Immobilienwirtschaft 2016, S. 14.
[13] Lohse: Den Wohnraummangel gemeinsam bekämpfen, in: Städtetag aktuell 2016, S. 7.
[14] Bunzel / Hanke / Frölich von Bodelschwingh / Strauss: Planspiel zur Städtebaurechtsnovelle 2016/2017, Hrsg.: Difu, 2017, S. 92.

Vergleich zum Mischgebiet

Die Zweckbestimmung weist Ähnlichkeiten zu der Zweckbestimmung eines Mischgebietes nach § 6 Abs. 1 BauNVO auf. Denn auch das Mischgebiet dient dem Wohnen und der Unterbringung von Gewerbebetrieben, die das Wohnen nicht wesentlich stören. Besonderes Merkmal des Mischgebiets ist das Nebeneinander von Wohnnutzung und gewerblicher Nutzung. Im Mischgebiet darf keine der beiden Hauptnutzungsarten ein deutliches Übergewicht gegenüber der anderen Nutzung nehmen. Dies schließt in quantitativer Hinsicht nicht nur aus, dass eine der Hauptnutzungen in dem Mischgebiet völlig verdrängt wird, sondern auch, dass eine der beiden Hauptnutzungsarten in dem Gebiet nach Anzahl oder Umfang beherrschend und damit „übergewichtig" in Erscheinung tritt. Die beiden Hauptnutzungsarten müssen sowohl qualitativ als auch quantitativ gleichwertig als auch gleichgewichtig sein. Erforderlich ist aber nicht, dass die beiden Hauptnutzungsarten zu genauen oder zu annähernd gleichen Anteilen im jeweiligen Gebiet vertreten sind.[15] § 6a Abs. 1 Satz 2 BauNVO weist ausdrücklich darauf hin, dass im Urbanen Gebiet eine solche gleichgewichtige Nutzungsmischung nicht erforderlich ist.

Im Unterschied zum Mischgebiet werden zudem in den Zweckbestimmungen des Urbanen Gebietes **soziale, kulturelle und andere Einrichtungen** genannt. Nur wenn das Planungsgebiet solche Nutzungen aufweist oder aufweisen wird, kann es als Urbanes Gebiet festgesetzt werden. Anderenfalls kann dem Plangeber „Etikettenschwindel" unterstellt werden, wenn der Gebietscharakter viel mehr dem eines Mischgebietes gleicht und lediglich ein Urbanes Gebiet festgesetzt wurde, um die Vorzüge des Urbanen Gebietes, wie die höhere Bebauungsdichte (vgl. Kapitel 3) und höhere zulässige Lärmbelastung (vgl. Kapitel 4) nutzen zu können.

Die Baunutzungsverordnung kannte den Terminus ‚soziale Einrichtungen' sowie ‚kulturelle Einrichtungen' bislang nicht. Es ist nun eine Aufgabe der Rechtsprechung und Literatur klarzustellen, ob der Begriff ‚soziale und kulturelle Einrichtungen' gleichbedeutend mit ‚Anlagen für soziale Zwecke' bzw. ‚Anlagen für kulturelle Zwecke' zu verwenden ist.[16]

---

[15] BVerwG Urt. v. 04.05.1988 – 4 C 34/86, in: NJW 1988, S. 3168 (3168).

[16] Der Begriff ‚Einrichtungen' wird regelmäßig beim Immissionsschutzrecht verwendet (siehe z.B. TA Lärm 4.3 „Einhaltung ausreichender Schutzabstände zu benachbarten Wohnhäusern oder anderen schutzbedürftigen Einrichtungen"). Anlagen sind immer auch Einrichtungen, jedoch ist nicht jede

‚Anlagen für *soziale* Zwecke' dienen der sozialen Fürsorge und der öffentlichen Wohlfahrt. Es handelt sich um selbständige Hauptanlagen, die auf Hilfe, Unterstützung, Betreuung und ähnliche fürsorgerische Maßnahmen ausgerichtet sind.[17] Typische Beispiele sind Einrichtungen zur Betreuung von Kindern, wie Kindergärten, Kindertagesstätten und Kinderhorte[18] sowie Anlagen zur Freizeitgestaltung von Jugendlichen, wie Jugendcafés oder Jugendzentren mit Cafeteria, Diskothek, Räume für Film-, Theater-, Diskussionsveranstaltungen[19]. Des Weiteren gehören dazu Anlagen für die Betreuung von Senioren und anderer hilfsbedürftiger Menschen, wie z.B. Altenbegegnungsstätten, Altenbetreuungseinrichtungen oder Treffpunkte für Drogenabhängige[20].

Unter die Begrifflichkeit ‚Anlagen für kulturelle Zwecke' fallen selbständige Anlagen aus dem Bereichen Kunst, Wissenschaft, Bildung und Kultur, wie z.B. Schulen aller Art, Forschungseinrichtungen, Bibliotheken, Museen, Archive, Rundfunkhäuser oder Filmstudios[21]. **Zentrale** kulturelle Einrichtungen wie Universitäten, Opernhäuser, Theater oder große Museen gehören, wie die Zweckbestimmung in § 7 Abs. 1 BauNVO zeigt, in ein Kerngebiet.[22]

Was der Gesetzgeber unter ‚anderen Einrichtung' versteht, bleibt offen.

Es ist anzunehmen, dass sich die neue Gebietskategorie zur planungsrechtlichen Sicherungen von innerstädtischen Bereichen mit gründerzeitlichen Stadtstrukturen etablieren wird, da in diesen Gebieten die genannten sozialen und kulturellen Einrichtungen bereits existieren.

Besonders in Kleinstädten oder auch außerhalb des innerstädtischen Bereiches von Großstädten wird die Festsetzungen eines Urbanen Gebietes die Planer vor Herausforderungen stellen. Denn neben einer Mischung aus Gewerbe, Handwerk, Dienstleistung, Einzelhandel und Wohnen muss auch die Ansiedlung von sozialen, kulturellen und anderen Einrichtungen vorbereitet und gesichert werden. Es ist fragwürdig,

---

Einrichtung eine Anlage, so Mitschang (Anmerkung im Rahmen des Seminars Umweltbelange in der Bauleitplanung am 12.07.2017).

[17] BVerwG Urt. v. 13.07.2009 – 4 B 44.09, in: ZfBR 2009, S. 691 (692).
[18] Stock, in: EZBK (Hrsg.): BauNVO Kommentar, 2011, § 4 BauNVO Rn. 92.
[19] Ebenda, § 4 BauNVO Rn. 93.
[20] Ebenda, § 4 BauNVO Rn. 94.
[21] Ebenda, § 4 BauNVO Rn. 86.
[22] Fickert/Fieseler: BauNVO, 2014, § 6 Rn. 14.

ob es in diesen Gebieten einen ausreichenden Bedarf an solchen sozialen, kulturellen und anderen Einrichtungen geben wird.

Die Stadt Leipzig wies im durchgeführten Planspiel zur Städtebaurechtsnovelle des Deutschen Instituts für Urbanistik (Difu) daraufhin, dass in den städtischen Randlagen die festgesetzten Mischgebiete häufig nicht die planerisch gewünschte Mischnutzung erzielt werden konnte. Die Ansiedlungsbegehren haben eine klare Tendenz zu reinen oder allgemeinen Wohngebieten. Bei der Entwicklung von Urbanen Gebieten in Stadtrandgebieten wird die gewünschte Urbane Mischung wohl auch nicht sichergestellt werden können, so die Stadt Leipzig.[23]

Vergleich zum Kerngebiet

In dem Abschlussbericht des Difu heißt es weiter, dass die Städte Bamberg, Leipzig und Tübingen das Urbane Gebiet auch als Möglichkeit sehen, um bereits bestehende Kerngebiet nach § 7 BauNVO zu überplanen, wenn ein hoher Anteil an Wohnnutzungen bereits vorhanden ist und diese Nutzung weiterentwickelt werden soll[24]. Kerngebiete dienen vorwiegend der Unterbringung von Handelsbetrieben sowie zentralen Einrichtungen der Wirtschaft, der Verwaltung und der Kultur. Sie dienen ihrer Zweckbestimmung nach jedoch nicht dem Wohnen. Die Wohnnutzung kann nur zugelassen werden, wenn es der Bebauungsplan explizit festsetzt. Diese Möglichkeit der Wohnnutzungsfestsetzungen hat die Berliner Verwaltung häufig missverstanden. Der Bebauungsplan XIV-B1, der entlang der Karl-Marx-Straße in Neukölln ein Kerngebiet festsetzt, in dem ab dem 1. Vollgeschoss Wohnen allgemein zulässig ist, ist kein Einzelfall einer fehlerhaften Festsetzung.

Die Wohnnutzung kann in einem Kerngebiet nicht für **allgemein** zulässig erklärt werden, dies ist ein Widerspruch zur Zweckbestimmung des Kerngebietes. Die textliche Festsetzung, dass Wohnungen allgemein zulässig sind, eröffnet die Möglichkeit, dass das festgesetzte Kerngebiet vorwiegend der Wohnnutzung dient, statt der Unterbringung von Handelsbetrieben sowie der zentralen Einrichtungen der Wirtschaft, der Verwaltung und der Kultur. Gebiete, in denen allgemein und überall

---

[23] Bunzel / Hanke / Frölich von Bodelschwingh / Strauss: Planspiel zur Städtebaurechtsnovelle 2016/2017, Hrsg.: Difu, 2017, S. 95.
[24] Bunzel / Hanke / Frölich von Bodelschwingh / Strauss: Planspiel zur Städtebaurechtsnovelle 2016/2017, Hrsg.: Difu, 2017, S. 96.

Wohnungen zulässig sind, sind aber keine Kerngebiete im Sinne des § 7 BauNVO.[25] Die Zulässigkeit von Wohnungen ist nicht generell ausgeschlossen, jedoch muss die Wohnnutzung auf ein kerngebietsverträgliches Maß begrenzt werden. Bei einer allgemeinen Zulässigkeit von Wohnen oberhalb des 1. Vollgeschosses wird das Maß der kerngebietsverträglichen Nutzung überspannt. Diese fehlerhafte Festsetzung führt zur Rechtswidrigkeit des Bebauungsplanes.

Erst mit der Einführung des Urbanen Gebietes wird den Gemeinden ein Instrument zur Seite gestellt, mit dem – ohne großen Begründungsaufwand – ein gemischtes, dichtbebautes Quartier mit Wohn- und Gewerbenutzung festgesetzt werden kann. Ob die Überplanung solcher Kerngebiete, wie dem entlang der Karl-Marx-Straße, mit einem Urbanen Gebiet möglich ist, ist dennoch fragwürdig. Denn der großflächige Einzelhandel, wie er in diesen Gebieten anzutreffen ist, ist im Urbanen Gebiet nicht zulässig.

Vergleich zum Besonderen Wohngebiet

Die Zweckbestimmung eines Besonderen Wohngebietes ist ähnlich der eines Urbanen Gebietes. Auch wenn die sozialen, kulturellen und anderen Einrichtungen nicht explizit im § 4a Abs. 1 BauNVO aufgezählt sind, so werden doch Anlagen für soziale und kulturelle Zwecke in § 4a Abs. 2 BauNVO aufgelistet. Das besondere Wohngebiet wurde in die BauNVO aufgenommen, um bereits bebaute Gebiete entsprechend ihrer Eigenart planerisch zu ordnen und zu lenken. Ein besonderes Wohngebiet darf nur festgesetzt werden, wenn das Gebiet aufgrund ausgeübter Wohnnutzung und vorhandener sonstiger in § 4a Abs. 2 BauNVO genannter Anlagen eine besondere Eigenart aufweist und in dem unter Berücksichtigung dieser Eigenart die Wohnnutzung erhalten und fortentwickelt werden soll. Mit dem Tatbestandsmerkmal ‚überwiegend bebautes Gebiet‘ kann ein besonderes Wohngebiet nur für die Überplanung bereits existierender Gebiete genutzt werden. Konversionsflächen, welche strukturelle neugeordnet werden müssen, können nicht als besonderes Wohngebiet festgesetzt werden. Zudem bedarf die Festsetzung eines Besonderen Wohngebietes besonderer städtebaulicher Gründe. Im Vergleich zum Besonderen Wohngebiet kann mit einem Urbanen Gebiet ohne großen Begründungaufwand

---

[25] OVG Münster Urt. v. 18.03.2004 – 7a D 52/03.NE, in: BeckRS 2004, 22279.

beispielsweise eine innerstädtische ehemalige Bahnanlage städtebaulich neugestaltet werden.

Das Besondere Wohngebiet wird insbesondere zur Sicherung von Wohnquartieren genutzt und soll eine behutsame Nachverdichtung ermöglich. Mit dem Urbanen Gebiet können diese Planungsziele auch sichergestellt werden, jedoch bedarf es nicht besonderer Anwendungstatbestände und die Steuerungsmöglichkeiten nach Absatz 4 (vgl. Kapitel 2.5) können ohne großen Begründungsaufwand angewandt werden. Es ist daher davon auszugehen, dass künftig weniger Gebiete als besonderes Wohngebiet ausgewiesen werden.

2.2 Allgemein zulässige Nutzung

Nach § 6a Abs. 2 BauNVO sind im Urbanen Gebiet Wohn-, Geschäfts- und Bürogebäuden sowie Einzelhandelsbetriebe, Schank- und Speisewirtschaften, Betriebe des Beherbergungsgewerbes, sonstige Gewerbebetriebe und Anlagen für kirchliche, kulturelle, soziale, gesundheitliche und sportliche Zwecke allgemein zulässig.

2.2.1 Wohnen

Die Wohnnutzung ist im Urbanen Gebiet nach § 6a Abs. 2 Nr. 1 allgemein zulässig. Auch wenn die Nutzungsmischungen nicht gleichgewichtig sein müssen, so muss im Urbanen Gebiet dennoch ein gebietsprägender Anteil von Gewerbebetriebe sowie sozialen, kulturellen und anderen Einrichtungen vorzufinden sein. Die Nutzungsmischung muss von dem eines allgemeinem Wohngebietes, in dem eine vorwiegende Wohnnutzung zulässig ist, zu unterscheiden sein. Es ist eine herausfordernde Aufgabe für die Rechtsprechung und Literatur, hierbei eine richtige Abgrenzung zu finden. Der Reiz Flächen, welche bislang aus Lärmschutzgründen nicht bebaut werden konnten, mit einer dichten Wohnbebauung zu entwickeln, ist groß. Für planende Gemeinden, Eigentümer und Investoren bedarf es zeitnah Rechtsklarheit, damit die zulässige quantitative Wohnnutzung nicht überschritten wird und künftige Klagen bezüglich eines Etikettenschwindels vermieden werden können.

2.2.2 Sonstige Gewerbebetriebe

Nach § 6a Abs. 2 Nr. 4 BauNVO sind sonstige Gewerbegebiet allgemein zulässig, wenn sie die Wohnnutzung nicht wesentlich stören. Damit sind grundsätzlich Gewerbebetriebe, die in reinen oder allgemeinen Wohngebieten zulässig sind oder als Ausnahmen zugelassen werden können, zulässig.

Fraglich ist, ob auch mischgebietsverträgliche Gewerbebetriebe nach § 6 Abs. 2 Nr. 4 BauNVO im Urbanen Gebiet oder gar Gewerbebetriebe, welche aufgrund ihrer Emissionen nicht mehr im Mischgebiet zulässig sind, zugelassen werden können[26]. Battis, Mitschang, Reidt schlagen vor, zwischen einer plangebietsexternen und- internen Betrachtung zu unterscheiden. Da der Immissionsrichtwert im Urbanen Gebiet tags um 3 dB (A) höher als im Mischgebiet liegt (vgl. Kapitel 4), kann mit einem Urbanen Gebiet näher an ein immissionsrelevantes Gewerbegebiet herangerückt werden, wie zum Beispiel in Hamburg an einen gewerblichen Hafen (plangebietsexterne Betrachtung, siehe Abb. 1). Innerhalb dieses Gebiets wären dann nur solche Betriebe allgemein zulässig, die auch in einem Mischgebiet zulässig wären.[27]

Bei Betrachtung eines einzelnen Betriebs (plangebietsinterne Betrachtung, siehe Abb. 2) ist nunmehr im Urbanen Gebiet eine Tagesbelastung von 63 dB (A) zulässig. Folglich sind nun lärmintensivere Gewerbebetriebe zulässig, welche in einem Mischgebiet nicht mehr zulässig wären. Da Gewerbebetriebe im Urbanen Gebiet 3 dB (A) mehr imitieren können, kann es dazu führen, dass die Betriebe weniger Schallschutzvorkehrungen treffen.

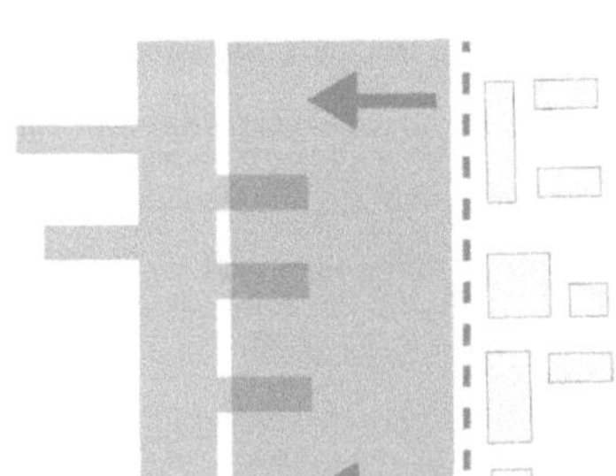

Abbildung 1: Gebietsexterne Betrachtung

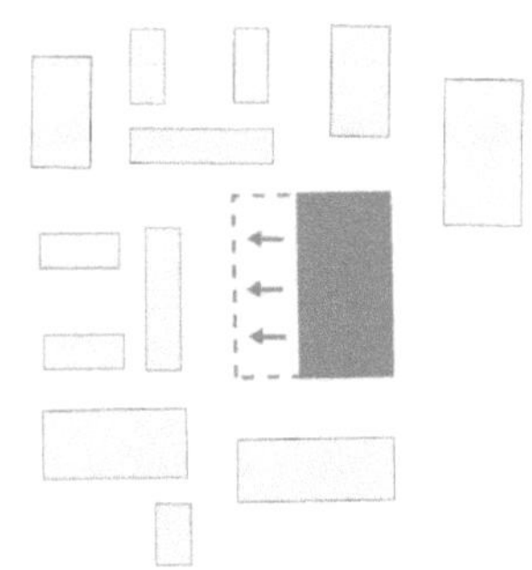

Abbildung 2: Gebietsinterne Betrachtung

[26] Autorenkollektiv Planungskultur, in: Planerin 2017, S. 55.
[27] Battis / Mitschang / Reidt, in: NVwZ 2017, S. 817 (824).

2.3 Ausnahmsweise zulässige Nutzungen

Nach § 6a Abs. 3 BauNVO sind Vergnügungsstätten, soweit sie nicht wegen ihrer Zweckbestimmung oder ihres Umfangs nur in Kerngebieten allgemein zulässig sind sowie Tankstellen nur ausnahmsweise zulässig.

2.3.1 Vergnügungsstätten

Vergnügungsstätten können nach § 31 Abs. 1 BauGB i.V.m. § 6a Abs. 3 Nr. 1 BauN-VO ausnahmsweise in Urbanen Gebieten zugelassen werden, soweit sie nicht wegen ihrer Zweckbestimmung oder ihres Umfangs nur in Kerngebieten allgemein zulässig sind. Mit der Beschränkung auf nicht kerngebietstypische Betriebe soll gewährleistet werden, dass zentrale Dienstleistungsbetriebe dieser Art, die mit einem größeren Einzugsbereich auf ein größeres und allgemeines Publikum ausgerichtet sind, in Urbanen Gebieten nicht zulässig sind.

Nach Rechtsprechung und Literatur können folgende Einrichtung den nicht kerngebietstypischen Vergnügungsstätten zugeordnet werden: Spielhallen, Spielcasinos, Spielbanken, Wettbüros, alle Arten von Diskotheken und Nachtlokalen, aber auch Nacht- und Tanzbars, sowie Striptease-Lokale und Peep-Shows, Sex-Kinos einschließlich Lokalen mit Video-Kabinen. Die Abgrenzung von Vergnügungsstätten zu Anlagen für kulturelle und sportliche Zwecke sowie für die Schank- und Speisewirtschaften ist dabei nicht immer einfach.[28]

Die Planspielstädte begrüßen die restriktive Zulässigkeit von Vergnügungsstätten, da mit der ausnahmsweisen Zulässigkeit die Ansiedlung von nicht kerngebietstypischen Vergnügungsstätten besser eingeschränkt werden kann.[29]

Dennoch ist fragwürdig, ob mit dieser Einschränkung nicht die Intension des Urbanen Gebiets verfehlt wird. Denn nach *Hendricks* sollen Urbane Gebiete „*verdichtetes Bauen und Dachaufstockungen erleichtert und eine hohe Durchmischung von Wohnen, Arbeit und* **Freizeit** *[hervorgehoben d. Verf.] ermöglicht*"[30] werden. Ver-

---

[28] Stock, in: EZBK (Hrsg.): BauNVO Kommentar, 2011, § 4a BauNVO Rn. 69.

[29] Bunzel / Hanke / Frölich von Bodelschwingh / Strauss: Planspiel zur Städtebaurechtsnovelle 2016/2017, Hrsg.: Difu, 2017 S. 100.

[30] BMUB Pressemitteilung am 31.03.2017. www.bmub.bund.de/pressemitteilung/baurechtsnovelle-ermoeglicht-verdichtetes-bauen-in-der-stadt-der-kurzen-wege.

gnügungsstätten sind typische Einrichtungen der Freizeitgestaltung. Es ist diesbezüglich nicht verständlich, weshalb nicht kerngebietstypische Vergnügungsstätten auf den Ausnahmetatbestand zurückgestuft werden. Hingegen im Mischgebiet nach § 6 Abs. 2 Nr. 8 BauNVO solche Einrichtungen zumindest im überwiegend durch gewerbliche Nutzungen geprägt Teil allgemein zulässig sind.

2.3.2 Tankstellen

Im Gegensatz zum Mischgebiet, in dem Tankstellen allgemein zulässig sind, orientiert sich die ausnahmsweise Zulässigkeit von Tankstellen, an der eingeschränkten Zulässigkeit des Besonderen Wohngebiets.

Aus Lärmschutzgründen ist diese Entscheidung nicht nachvollziehbar. Denn im Mischgebiet und Kerngebiet sind Tankstellen allgemein zulässig, obwohl es tagsüber 3 d(B)A ruhiger sein muss als im Urbanen Gebiet. Aus bodenökonomischen Gründen kann dieser Ausnahmetatbestand besser nachvollzogen werden, denn die flächenintensiven Tankstellen stehen in Konkurrenz mit andern innerstädtischen Nutzungen.[31]

In Bezug auf den Flächenverbrauch hätte der Gesetzgeber Tankstellen im Zusammenhang mit Parkhäusern und Großgaragen debattieren können. Bei Kerngebieten hat sich diese allgemeine Zulässigkeit nach § 7 Abs. 2 Nr. 5 BauNVO bewährt, denn so kann oberhalb der geruchsemissionsstarken Tankstellen geparkt werden. Zudem kann mit dem Betrieb der Tankstellen einerseits und der Parkhäuser und Großgaragen andererseits verbundene Kraftfahrzeugverkehr an einem Ort gebündelt werden.[32]

2.4 Nicht zulässige Nutzung

Gartenbaubetriebe sind wie im Besonderen Wohngebiet und im Kerngebiet aufgrund des vergleichsweise hohen Flächenverbrauchs weder allgemein noch ausnahmsweise zulässig.[33]

---

[31] Battis / Mitschang / Reidt, in: NVwZ 2017, S. 817 (824).
[32] Söfker, in: EZBK (Hrsg.): BauNVO Kommentar, 2014, § 7 BauNVO Rn. 35.
[33] Battis / Mitschang / Reidt, in: NVwZ 2017, S. 817 (824).

2.5 Steuerungsmöglichkeiten

Mit den Steuerungsmöglichkeiten nach § 6a Abs. 4 BauNVO können Gebäude im gesamten Urbanen Gebiet, als auch einzelne Teile des Urbanen Gebietes geschossweise gegliedert werden. Mit der vertikalen Gliederung soll die Wohnnutzung im Urbanen Gebiet gestärkt und geschützt werden. Für die Feinsteuerung der zulässigen Art der Nutzung müssen – im Unterschied zu den Regelungsmöglichkeiten nach § 1 Abs. 7 BauNVO – keine *besonderen städtebaulichen Gründe* aufgeführt werden.[34]

2.5.1 Straßenseitige Wohnnutzung im Erdgeschoss

Nach § 6a Abs. 4 Nr. 1 BauNVO kann „für *Urbane Gebiete oder Teile solcher Gebiete festgesetzt werden, dass in Gebäuden im Erdgeschoss an der Straßenseite eine Wohnnutzung nicht oder nur ausnahmsweise zulässig ist*". Für eine solche Festsetzung gibt es bereits eine Rechtsgrundlage in § 1 Abs. 7 Nr. 2 BauNVO; welche jedoch nur unter Nachweis besonderer städtebaulicher Gründe angewandt werden kann[35]. Gleichwohl müssen aber auch hier städtebauliche Gründe den Ausschlag für die Anwendung der Bestimmungen geben[36].

Die mit weniger Begründungsaufwand nutzbare Steuerungsmöglichkeit nach § 6a Abs. 4 Nr. 1 BauNVO kann nur bei einer straßenseitigen Einschränkung der Wohnnutzung angewandt werden. Die Nutzung der Innenhöfe sowie die von Grünflächen umgebenen Gebäudeteile können nicht durch § 6a Abs. 4 Nr. 1 BauNVO gegliedert werden.

Inwiefern eine solche Festsetzung praxisrelevant und notwendig ist, ist fragwürdig. In belebten innerstädtischen Lagen werden ohnehin die straßenseitigen Erdgeschossflächen regelmäßig für die renditestärkeren Einzelhandels- oder gastronomische Nutzungen verwendet.

Diese Festsetzungsmöglichkeit hat wohl eher ihre Funktion bei der Entwicklung von Urbanen Gebieten in Stadtrandlagen. Denn mit dieser Festsetzung kann sichergestellt werden, dass im Erdgeschoss keine Wohnungen zulässig sind und zwingen den

---

³⁴ Ebenda, S. 817 (824).
³⁵ Söfker, in: EZBK (Hrsg.): BauNVO Kommentar, 2016, § 1 BauNVO Rn. 94.
³⁶ Battis / Mitschang / Reidt, in: NVwZ 2017, S. 817 (824).

Vorhabenträger kleinteiliges Gewerbe zu entwickeln. So kann die Intention des Baugebietes entsprechend ihrer Zweckbestimmung ein Urbanes gemischtes Gebiet zu entwickeln, entsprochen werden.[37]

2.5.2 Festsetzung von Wohngeschossen

Auf der Rechtsgrundlage von Nr. 2 des Paragraphen 6a Abs. 4 BauNVO kann zudem festgesetzt werden, dass *„oberhalb eines im Bebauungsplan bestimmten Geschosses nur Wohnungen zulässig sind"*. Eine solche Festsetzungsmöglichkeit ist bereits aus § 4a Abs. 4 Nr. 1 für das besondere Wohngebiete und aus § 7 Abs. 4 Nr. 1 für das Kerngebiet bekannt. Allerdings setzt diese Festsetzung von Wohngeschossen im Besonderen Wohngebiet und Kerngebiet stets besondere städtebauliche Gründe voraus.

Ob die in ihrem Wortlaut identische Festsetzungsmöglichkeit des § 6a Abs. 4 Nr. 2 BauNVO adäquat anzuwenden ist, ist anzunehmen. Es gilt daher sicher auch entsprechend die Rechtsprechung zu dieser Festsetzungsmöglichkeit.

Bei einem Besonderen Wohngebiet nach § 4a BauNVO muss mindestens ein Geschoss des Gebäudes für andere Nutzungen als der Wohnnutzung offen stehen. Eine Festsetzung von Wohngeschossen „oberhalb des Kellergeschosses" ist nicht zulässig,[38] so *Stock*. Ferner ist es nicht zulässig, nur ein zwischenliegendes Geschoss, z.B. das dritte von fünf, als Wohngeschoss festzusetzen. § 1 Abs. 7 Nr. 1 BauNVO bietet hierfür zwar eine allgemeine Festsetzungsermächtigung; einer Anwendung in Besonderen Wohngebieten steht jedoch die Spezialregelung des § 4a Abs. 4 Nr. 1 BauNVO entgegen, in der es heißt, dass **oberhalb** eines bestimmten Geschosses nur Wohnungen zulässig sind.[39]

Wird in einem Bebauungsplan festgesetzt, dass oberhalb eines Geschosses **nur** noch Wohnungen zulässig sind, dann sind andere Nutzungen ausgeschlossen und unzulässig (Ausschlusswirkung). Bei der Festsetzung von Kerngebieten wurde vielfach der Fehler begangen, ab einem bestimmten Geschoss die Wohnnutzung für allgemein zulässig zu erklären. Diese Festsetzung führte dazu, dass neben der Wohnnut-

---

[37] Bunzel / Hanke / Frölich von Bodelschwingh / Strauss: Planspiel zur Städtebaurechtsnovelle 2016/2017, Hrsg.: Difu, 2017, S. 99.
[38] Stock, in: EZBK (Hrsg.): BauNVO Kommentar, 2011, § 4a BauNVO Rn. 81.
[39] Ebenda § 4a BauNVO Rn. 81.

zung auch andere Nutzungen zulässig sind und so das Wohngeschoss von oben und unten von Vergnügungsstätten umgeben sein kann. Die Festsetzung muss daher so gefasst sein, dass **nur** noch Wohnungen ab einem Geschoss zulässig sind, da sonst die Wohnnutzung gestört werden könnte. Ob dies bei einem Urbanen Gebiet genauso streng beurteilt wird, da im Unterschied zum Kerngebiet Vergnügungsstätten nicht allgemein zulässig sind, sollte von der Rechtsprechung und Literatur klargestellt werden.

2.5.3 Festsetzung von Mindestanteilen für Wohnungen

Auch die Festsetzungsmöglichkeit, dass in Gebäuden *„ein im Bebauungsplan bestimmter Anteil der zulässigen Geschossfläche oder eine im Bebauungsplan bestimmte Größe der Geschossfläche für Wohnungen zu verwenden ist"*, ist bekannt von dem Besonderen Wohngebiet und dem Kerngebiet. Im Gegensatz zum Besonderen Wohngebiet und Kerngebiet bedarf die Festsetzung beim Urbanen Gebiet ebenfalls keiner besonderen städtebaulichen Gründe.

Mit dieser Festsetzungsmöglichkeit kann die Wohnnutzung gesichert und fortentwickelt werden, indem ein bestimmter Anteil der zulässigen Geschossfläche für Wohnungen vorbehalten wird oder eine bestimmte Größe der Geschossfläche für Wohnungen zu verwenden ist.[40] Die Kontingentierung ermöglicht Nutzungsmischung innerhalb der Geschosse. Dem Vorhabenträger belassen solche Quoten mehr Spielraum bei der Entwicklung der Wohnungen als bei Festsetzungen nach § 6a Abs. 4 Nr. 2 BauNVO, denn hier ist er insoweit nicht auf bestimmte Geschosse festgelegt.[41]

Bei der Festsetzung eines prozentualen Mindestwohnflächenanteils sowie (absoluten) Mindestgeschossflächenzahl ist zu berücksichtigen, dass die Festsetzung nicht gebietsbezogen sein darf, sondern grundstücksbezogen festgesetzt werden muss. Eine gebietsbezogene Kontingentierung würde dazu führen, dass potenzielle Investoren und Bauantragsteller die renditestärksten Nutzungen entwickeln und andere Nutzungsarten gegebenenfalls nicht verwirklicht werden (Windhundrennen).

---

[40] Stock, in: EZBK (Hrsg.): BauNVO Kommentar, 2011, § 4a BauNVO Rn. 84.
[41] Ebenda § 4a BauNVO Rn. 86.

2.5.4 Festsetzung von Mindestanteilen für gewerbliche Nutzungen

Neu ist die Festsetzungsmöglichkeit, dass nun auch *„in Gebäuden ein im Bebauungsplan bestimmter Anteil der zulässigen Geschossfläche oder eine im Bebauungsplan bestimmte Größe der Geschossfläche für gewerbliche Nutzungen zu verwenden ist“*.

Diese Festsetzungsmöglichkeit wurde aufgenommen, um planerisch die gewünschte Nutzungsmischung sicherzustellen. Ob mit dieser Festsetzungsmöglichkeit nur für Gewerbe oder auch für soziale, kulturelle und andere Einrichtungen ein bestimmter Anteil der zulässigen Geschossfläche beziehungsweise eine bestimmte Größe der Geschossfläche reserviert werden kann, bleibt ebenfalls offen.

Fickert und Fieseler weisen darauf hin, dass eine Mindestflächenfestsetzung nach § 4a Abs. 4 Nr. 2 BauNVO nicht mit einer Festsetzung des Mindestmaßes der baulichen Nutzung nach § 16 Abs. 4 BauNVO verwechselt werden darf[42]. Sehr wahrscheinlich ist dies adäquat für die gewerbliche Nutzung nach § 6a Abs. 4 Nr. 4 BauNVO anzuwenden. Diese Festsetzung ermöglicht es nicht, den Eigentümer zu verpflichten, die festgesetzte Mindestfläche für Gewerbe auch tatsächlich zu errichten. Mit § 6a Abs. 4 Nr. 4 BauNVO kann keine Baupflicht begründet werden. Soll ein bestimmter Anteil mit Gewerbe bebaut werden, dann muss zusätzlich nach § 16 Abs. 4 BauNVO ein Mindestmaß der Geschossfläche – dann als Bestimmung des Maßes der baulichen Nutzung – festgesetzt werden[43].

Denn bei der Festsetzung nach § 6a Abs. 4 Nr. 4 BauNVO handelt es sich um differenzierende Festsetzungen zur Art der baulichen Nutzung, auch wenn sich die Festsetzungsermächtigung zu diesem Zweck einiger Faktoren zur Bestimmung des Maßes der baulichen Nutzung bedient.[44]

Diese Festsetzungsmöglichkeiten sind in ihrer Funktion weitgehend nicht neu, allerdings mussten bislang stets besondere städtebauliche Gründe aufgeführt werden, um eine solche Festsetzung zu treffen. Diese Instrumente der Feinsteuerung können nun ohne großen Begründungsaufwand relativ einfach angewendet werden.

---

[42] Fickert / Fieseler, BauNVO Kommentar, 2014, § 4a Rn. 34.
[43] Söfker, in: EZBK (Hrsg.): BauNVO Kommentar, 2016, § 16 BauNVO Rn. 39.
[44] Stock, in: EZBK (Hrsg.): BauNVO Kommentar, 2011, § 4a BauNVO Rn. 84.

Von den Planspielstädten werden die Festsetzungsmöglichkeiten insgesamt positiv bewertet, die Vorschriften sind zweckmäßig und praktikabel. Mit der Festsetzungsmöglichkeit Nr. 2 und 3 können städtebaulich unerwünschten Umstrukturierungsprozessen vermindert werden. Sie werde voraussichtlich dann angewandt, wenn der Wohnungsbestand vor Nutzungsumwandlungen geschützt und somit die Urbanität gefördert werden soll, indem ein relevanter Anteil an Wohnungen sichergestellt wird.

Die Stadt Leipzig weist darauf hin, dass diese Festsetzungsmöglichkeiten auch zur Eindämmung der Umwandlung von Wohnungen zu Ferienwohnungen beitragen können.[45]

Die Festsetzungsoptionen nach Nr. 1 und Nr. 4 sind nach Einschätzung der Planspielstädte hingegen notwendig, um die mit dem Urbanen Gebiet regelmäßig anzustrebende kleinteilige gewerbliche Nutzungsmischung planungsrechtlich abzusichern[46].

2.6 Kein faktisches Gebiet

Es wurde befürchtet, dass mit der Einführung des Urbanen Gebietes sich in Verbindung mit dem § 34 Abs. 2 BauGB erhebliche Probleme ergeben werden. Denn nach § 34 Abs. 2 BauGB wird die Zulässigkeit eines Vorhabens nach seiner Art allein danach beurteilt, ob es nach der Verordnung in dem Baugebiet allgemein zulässig wäre. Auf die nach der BauNVO ausnahmsweise zulässigen Vorhaben ist § 31 Abs. 1 BauGB entsprechend anzuwenden.

Durch die Aufnahme des Urbanen Gebietes wird der Anwendungsbereich des § 34 Abs. 2 BauGB erheblich erweitert, denn im Unterschied zu anderen Baugebietstypen sind die zulässigen Nutzungsarten im Urbanen Gebiet sehr heterogen. Im Planspiel wies die Stadt Leipzig darauf hin, dass erhebliche Abgrenzungsunschärfen bestünden, ob ein bebauter Bereich ein Urbanes Gebiet oder ein Mischgebiet darstelle. Aufgrund der weitgehenden Identität der planerischen Leitbilder, der ähnlichen Zweckbestimmung sowie Nutzungskataloge des Urbanen Gebietes und des Misch-

---

[45] Bunzel / Hanke / Frölich von Bodelschwingh / Strauss: Planspiel zur Städtebaurechtsnovelle 2016/2017, Hrsg.: Difu, 2017, S. 101.
[46] Ebenda, S. 101.

gebiets, sind diese Baugebietstypen kaum voneinander zu unterscheiden. Zwar entspricht aufgrund der erforderlichen Gleichgewichtigkeit der Hauptnutzungsarten Wohnen und Gewerbe eines Mischgebiets, nicht jedes Urbane Gebiet einem Mischgebiet. Aber jedes Mischgebiet kann gleichzeitig ein Urbanes Gebiet sein. Mischgebiet, welche nun als Urbane Gebiete beurteilt werden könnten, können folglich dichter bebaut (vgl. Kapitel 3) werden, Lärmimmissionskonflikte werden weniger streng beurteilt (vgl. Kapitel 4) und Zulässigkeitsspielraum für Vergnügungsstätte wird verändert.[47]

Die Städte Bamberg und Leipzig weisen darauf hin, dass es erhebliche Auswirkungen auf den immissionsschutzrechtlichen Beurteilungsmaßstab geben wird. Der durch die Einführung des Urbanen Gebietes erweiterte Anwendungsbereich von § 34 Abs. 2 BauGB und der damit einhergehende gegenüber der bisherigen Beurteilung nach § 34 Abs. 1 BauGB erweiterte Zulässigkeitsrahmen führe dazu, dass künftig lärmintensivere Nutzungen zulässig sind. Die Wohnqualität könnte sich in faktischen Urbanen Gebieten sukzessive verschlechtern, da das zu tolerierende Lärmniveau nun um drei Dezibel angehoben werde.[48]

Aus diesen Gründen hat Bundesregierung auch von einer befristeten Zwischenlösung – eingangs sollte der § 34 Abs. 2 BauGB nur bis zum 30. Juni 2019 nicht angewandt werden[49] – im Laufe des Gesetzgebungsverfahrens abgesehen[50]. In der Überleitungsvorschrift aus Anlass des Gesetzes zur Umsetzung der Richtlinie 2014/52/EU im Städtebaurecht und zur Stärkung des neuen Zusammenlebens in der Stadt ist nun in § 245c Abs. 3 BauGB klargestellt, dass § 34 Absatz 2 BauGB auf Baugebiete nach § 6a BauNVO keine Anwendung findet. Damit ist, wie bei Besonderen Wohngebieten nach § 4a BauNVO und Sondergebieten nach § 11 BauNVO, bei Urbanen Gebieten eine faktische Gebietszuordnung ausgeschlossen.

---

[47] Bunzel / Hanke / Frölich von Bodelschwingh / Strauss: Planspiel zur Städtebaurechtsnovelle 2016/2017, Hrsg.: Difu, 2017, S. 101 f.
[48] Ebenda, S. 102.
[49] BT-Drs. 18/10942 v. 23.01.2017, S. 20.
[50] BT-Drs. 18/11439 v. 08.03.2017, S. 5.

3. Maß der baulichen Nutzung

§ 17 BauNVO regelt für alle Baugebiete die Obergrenzen des Maßes der baulichen Nutzung in den Bauleitplänen. Mit der Einführung des Urbanen Gebietes in die BauNVO wurde auch das Maß der baulichen Nutzung dieser neuen Gebietskategorie in § 17 Abs. 1 BauNVO aufgenommen. Die Obergrenze für die Geschoßflächenzahl (GFZ) entspricht mit 3,0 derjenigen des Kerngebietes und überschreitet diejenigen des Mischgebietes (GFZ 1,2) ganz erheblich. Bei der Grundflächenzahl (GRZ) gilt für das Urbane Gebiet 0,8 als Obergrenze. Diese hohe Dichte wurde bei dem im Jahr 2016 durchgeführten Planspiel zur Städtebaurechtnovelle insbesondere von den Großstädten (Köln und Leipzig) sehr begrüßt.[51]

Eine solche dichte Bebauung ist auch im allgemeinen Wohngebiet, Mischgebiet und Besonderen Wohngebiet möglich, da nach § 17 Abs. 2 BauNVO die Obergrenzen des § 17 Abs. 1 BauNVO überschritten werden können. Werden diese Obergrenzen überschritten, so müssen jedoch städtebauliche Gründe hierfür aufgezeigt werden, zudem muss die Überschreitung ausgeglichen werden. Beide Voraussetzungen sind kumulierend zu erfüllen.[52] Die Ausgleichspflicht soll sicherstellen, dass die allgemeinen Anforderungen an gesunde Wohn- und Arbeitsverhältnisse nicht beeinträchtigt und nachteilige Auswirkungen auf die Umgebung vermieden werden[53]. Das Urbane Gebiet ermöglicht es nun ein Gebiet sehr dicht zu bebauen, ohne dass hierfür städtebauliche Gründe aufgezeigt werden müssen. Zudem muss die planende Gemeinde keine Ausgleichsmaßnahmen durchzuführen, sofern eine GRZ von 0,8 und eine GFZ von 3,0 nicht überschritten werden.

4. Lärm

Einer Entwicklung innerstädtischer Flächen und der Mischung unterschiedlicher Nutzungen stehen in der Planungspraxis vor allem immissionsschutzrechtliche An-

---

[51] Bunzel / Hanke / Frölich von Bodelschwingh / Strauss: Planspiel zur Städtebaurechtsnovelle 2016/2017, Hrsg.: Difu, 2017, S. 105.
[52] Fickert/Fieseler, BauNVO Kommentar, 2014, § 17 Rn. 23.
[53] Söfker, in: EZBK (Hrsg.): BauNVO Kommentar, 2014, § 17 BauNVO Rn. 25.

forderungen entgehen. Insbesondere die Lärmgrenzwerte der TA Lärm[54], die nach Baugebieten der BauNVO differenzierte Immissionsschutzrichtwerte vorgibt, lassen sich häufig nicht einhalten, wenn beispielsweise eine Wohnnutzung an bestehende lärm-emittierende Betriebe herangeplant werden soll.

Die neue Baugebietskategorie soll diese Immissionskonflikte zugunsten einer stärkeren Verdichtung und Nutzungsmischung von Wohnen und Gewerbe in Innenstadtlagen entschärfen, indem parallel zu dessen Einführung die TA Lärm geändert wurde. Unter Hinzufügung von Nr. 6.1 Buchstabe c zur Änderung der TA Lärm wurden dem Urbanen Gebiet von der Bundesregierung Immissionsrichtwerte von 63 dB (A) tags und 48 dB (A) nachts zugeordnet. Die festgelegten Immissionsrichtwerte liegen somit um 3 dB (A) über den für Kern-, Dorf- und Mischgebiete geltenden Immissionsrichtwerten sowie um jeweils 2 dB (A) tags und nachts unter denen des Gewerbegebiets.[55]

Der Bundesrat wich hiervon jedoch ab und beschloss für das Urbane Gebiet einen Immissionsrichtwert von 45 dB (A) nachts, welcher auch für die anderen gemischten Gebiete festgesetzt ist. In dem Beschluss vom 31.03.2017 begründet der Bundesrat dies damit, dass der für Urbane Gebiete vorgeschlagene Immissionsrichtwert von 48 dB (A) nachts nicht mit den vorliegenden wissenschaftlichen Erkenntnissen des Gesundheitsschutzes zu vereinbaren sei und das bestehende Rechtssystem für Mischgebiete als lauteste Gebiete, in denen dauerhaft gewohnt werden darf, einen Höchstwert von 45 dB (A) vorsehe. Ab diesem Wert seien negative gesundheitliche Einflüsse nicht mehr auszuschließen. Des Weiteren geht der Bundesrat davon aus, dass Urbane Gebiete auch mit diesen Immissionswerten (63 dB (A) tags/ 45 dB (A) nachts) ausreichende Entwicklungsmöglichkeiten hätten.[56] Nach Battis, Mitschang, Reidt ist diese Begründung jedoch angesichts der höheren Werte in § 2 der 16. BIm-

---

[54] 6. AVV zum Bundes-Immissionsschutzgesetz (TA Lärm) v. 26.8.1998, GMBl Nr. 26/1998, S. 503, zul. geä. durch d. Verwaltungsvorschrift v. 01.06.2017 (BAnz AT 08.06.2017 B5).
[55] Battis / Mitschang / Reidt, in: NVwZ 2017, S. 817 (825).
[56] BR-Drs. 708/16 (Beschluss) v. 31.03.17, S. 2.

SchV[57] sowie in § 2 FluglärmG[58], die in der Rechtsprechung nicht beanstandet wurden, nicht überzeugend[59].

Erst recht überzeuge die Autoren die konzeptionelle Gesamtbetrachtung für die Tag- und Nachtzeit in Urbanen Gebieten nicht. Bezüglich seinen nächtlichen Immissionsrichtwertes verliere das Urbane Gebiet an „Sinnhaftigkeit und folglich auch an praktischer Bedeutung." Denn werden Nachtwerte durch gewerbliche Nutzungen überschritten, können wohnbauliche Nutzungen nicht realisiert werden. [60]

Ein weiterer konzeptioneller Widerspruch der Gebietskategorie liege darin begründet, dass in einem Kerngebiet eine Wohnnutzung nach der Zweckbestimmung in § 7 Abs. 1 BauNVO nicht gebietscharakteristisch ist und lärmintensive kerngebietstypische Vergnügungsstätten allgemein zulässig sind. In einem Urbanen Gebiet, das auch durch Wohnnutzung geprägt sein soll, und in dem kerngebietstypische Vergnügungsstätten nur ausnahmsweise zulässig sind, sollen Anwohner am Tag nun den nutzungsgemischten 3 dB (A) höheren Lärm ertragen. Auch im Mischgebiet, in dem im Sinne der Zweckbestimmung nach § 6 Abs. 1 BauNVO die Wohnnutzung nicht überwiegen darf, muss es leiser sein als in einem gegebenenfalls überwiegend durch Wohnen geprägtem Urbanem Gebiet.[61] Die Frage, warum es in Urbanen Gebieten lauter sein darf, während es in Kerngebieten, in denen nicht gewohnt werden darf leiser sein muss, wird vom Gesetzgeber nicht beantwortet.

Des Weiteren kann das Wohnen bei deutlich niedrigeren Immissionsrichtwerten in allgemeinen Wohngebieten (8 dB (A) weniger) und Mischgebieten (3 dB (A) weniger) im Vergleich zu Urbanen Gebieten in Frage gestellt werden. Wenn der Gesetzesgeber meint, dass das Wohnen in Urbanen Gebieten gesund sei, eröffnet dies neue Abwägungsspielräume, die auch Bedeutung für die nicht geänderte Regelung zur Zwischenwertbildung unter Nr. 6.7 der TA Lärm haben könnten. Nach Nr. 6.7 der TA Lärm können bei Gemengelagen die Immissionsrichtwerte auf einen geeigneten Zwischenwert der für die aneinandergrenzenden Gebietskategorien gelten-

---

[57] 6. AVV zum Bundes-Immissionsschutzgesetz v. 26.08.1998, GMBl. 1998 Nr. 26, S. 503, zul. geä. durch d. Verwaltungsvorschrift v. 01.06.2017 (BAnz AT 08.06.2017 B5).
[58] Gesetz zum Schutz gegen Fluglärm i. d. F. der Bek. v. 31.10.2007 (BGBl. I S.2550).
[59] Battis / Mitschang / Reidt, in: NVwZ 2017, S. 817 (825).
[60] Ebd.
[61] Battis / Mitschang / Reidt, in: NVwZ 2017, S. 817 (825).

den Werte erhöht werden.[62] Der neue Gebietstyp könnte daher im Einzelfall bei der Zwischenwertbildung als Ausgangspunkt angesetzt werden.

Als Einschränkung der planerischen Gestaltungsspielräume wirkt sich zudem die Regelung zum maßgebenden Immissionsort aus. Ziffer A.1.3 des Anhangs zur TA Lärm bestimmt, dass dieser bei bebauten Flächen 0,5 m außerhalb vor der Mitte des geöffneten Fensters des vom Geräusch am stärksten betroffenen schutzbedürftigen Raumes liegt.

Hierzu erfolgte eine Klarstellung zu den Festsetzungsmöglichkeiten des passiven Schallschutzes in § 9 Abs. 1 Nr. 24 BauGB. Durch eine Ergänzung um den Zusatz „einschließlich von Maßnahmen zum Schutz vor schädlichen Umwelteinwirkungen durch Geräusche, wobei die Vorgaben des Immissionsschutzrechts unberührt bleiben" weist der Gesetzgeber auf die bereits nach geltender Rechtslage bestehende Möglichkeit der Gemeinden hin, dass innerhalb der immissionsschutzrechtlichen Richtwerte (zusätzlich) passive Schallschutzmaßnahmen in Bebauungsplänen festgesetzt werden können.[63]

Auswirkungen für die Praxis

Die Planungsspielräume werden für die Kommunen durch die Änderung der TA Lärm in Urbanen Gebieten im Hinblick auf entstehende Lärmkonflikte erheblich erweitert. Die befragten Kommunen des Planspiels zur Städtebaurechtsnovelle 2016/2017 bestätigen, dass sich mit der Einführung eines Urbanen Gebietes immissionsschutzrechtliche Nutzungskonflikte im Zusammenhang mit heranrückenden schutzwürdigen Nutzungen reduzieren lassen (so Leipzig, Köln und Tübingen). Insbesondere bei vorhandenem Anlagenlärm wird die Ausweisung eines Urbanen Quartiers als hilfreich erachtet. Gleichzeitig weisen die Kommunen darauf hin, dass eine vorhandene Lärmbelastung allein kein ausreichender Grund für die Festsetzung eines bestimmten Gebietstypus sein darf. Im Vordergrund stehen städtebauliche, stadtstrukturelle und stadtentwicklungspolitische Überlegungen sowie eine sich als realistisch abzeichnende Entwicklung eines Urbanen Gebiets, bei der die hierfür erforderliche Nutzungsvielfalt in Ansätzen bereits vorhanden ist. Zur Höhe der

---

[62] Bunzel / Hanke / Frölich von Bodelschwingh / Strauss: Grundlagenforschung zur Baugebietstypologie der Baunutzungsverordnung, Hrsg.: Difu, 2014, S. 123.
[63] Walker: Die neue Baugebietskategorie „Urbane Gebiete", S. 3.

Lärmimmissionswerte sind die Einschätzungen ambivalent. Köln, Leipzig und Tübingen begrüßen den Gestaltungsspielraum bei gewerblichen Lärmvorbelastungen, andere Kommunen (Bamberg) zeigen sich hinsichtlich der Bedeutung des Lärmschutzes für innerstädtische Wohnstandorte besorgt.[64]

Eine weitere Planungsvariante zur Bewältigung von Immissionskonflikten stellt nach Battis, Mitschang, Reidt das „eingeschränkte Urbane Gebiet" dar. Urbane Gebiete könnten dahingehend eingeschränkt werden, das nur bestimmte Arten von Gewerbebetrieben, die nur geringe Emissionen verursachen, zulässig sind. Vorausgesetzt wird, dass die allgemeinen Anforderungen an die Gliederung und Differenzierung der Arten von Nutzungen eingehalten werden und die Zweckbestimmung des Baugebiets gewahrt bleibt. Vor allem für Investoren wäre das „eingeschränkte Urbane Gebiet" eine interessante Alternative, da nicht nur von der Konfliktbewältigung des Lärmschutzes, sondern auch von den im Urbanen Gebiet höheren Ausnutzungsziffern nach § 17 Abs. 1 BauNVO Gebrauch gemacht werden kann.[65]

Aussagen zum Verkehrslärm sind in der Städtebaunovellierung nicht zu finden. Die Anforderungen für die Abwägung des Verkehrslärms ändern sich nicht, so dass dieser genauso abgewogen werden muss, wie bisher im Mischgebiet, Kerngebiet oder allgemeinem Wohngebiet, wenn eine Wohnnutzung zugelassen werden soll.

Sportanlagenlärmschutzverordnung

In der Sportanlagenlärmschutzverordnung[66] werden für Urbane Gebiete Zulässigkeitswerte von 63 dB (A) am Tag und 58 dB (A) innerhalb der Ruhezeiten sowie 45 dB (A) nachts festgelegt. Diese Werte sind gegenüber Kerngebieten 3 dB (A) höher, also nur 2 dB (A) unterhalb der Werte für Gewerbegebiete. Ebenso werden die Betriebszeiten verlängert.[67] Auch für vorhandene Sportanlagen in Urbanen Gebieten bedeutet dies, dass eine Wohnnutzung dichter an Sportplätze herangebaut werden darf. Da Sportanlagen in Urbanen Gebieten länger genutzt werden dürfen, nimmt auch hier die Lärmeinwirkung für Anwohner zu.

---

[64] Bunzel / Hanke / Frölich von Bodelschwingh / Strauss: Planspiel zur Städtebaurechtsnovelle 2016/2017, Hrsg.: Difu, 2017, S. 97.

[65] Battis / Mitschang / Reidt, in: NVwZ 2017, S. 817 (824 f.).

[66] 18. AVV zum Bundes-Immissionsschutzgesetzes v. 18. Juli 1991 (BGBl. I S. 1588), zul. geä. durch Art. 1 d. Verordnung v. 01.06.2017 (BGBl. I S. 1468).

[67] BT-Drucksache v. BR-Drs. 18/11006 (Beschluss) v. 25.01.2017, S. 2.

Es bleibt die Frage offen, ob Sportanlagen bei einer Neuplanung eines Urbanen Gebiets überhaupt relevant werden, da es schwer vorstellbar ist, dass im teuren Innenstadtbereich Flächen für Sportanlagen vergeben werden.

5. Fazit

Der neue Baugebietstyp Urbanes Gebiet wird vor allem von der Politik anhand der städtebaulichen Schlagwörter „Stadt der kurzen Wege" und „Nutzungsmischung" positiv umworben. Euphorisch wird behauptet, dass sich die neue Gebietskategorie wieder hin zur Europäischen Stadt und weg von der Charta von Athen wendet. Dass die 1933 von der CIAM verabschiedete Charta, welche von Le Corbusier 1943 im besetzen Paris veröffentlicht wird, keinen nachweislichen Eingang in das deutsche Bauplanungsrecht fand, wird von den Verantwortlichen Ignoriert.

Es stellt sich die Frage, wem das Urbane Gebiet nützt und welche Voraussetzungen es für den Wohnungsbau in den Städten schafft. In Anlehnung an die eingangs dieser Arbeit erwähnten Zitate von Frau Hendricks, die mit der Einführung der neuen Gebietstypologie eine Erleichterung des verdichtenden Bauens und Dachaufstockungen versprach, lässt sich festhalten, dass dies mit einer GFZ von 3,0 in Urbanen Gebieten zutreffend erscheint. Frau Hendricks plädiert für eine höhere städtebauliche Dichte – ob eine GFZ von 3,0 für ein Gebiet, in dem eine überwiegende Wohnnutzung stattfinden kann und in dem Menschen leben sollen, die richtige Dimension ist, kann jedoch kritisch in Frage gestellt werden.

Des Weiteren sollen Urbane Gebiete eine „hohe Durchmischung von Wohnen, Arbeit und Freizeit ermöglichen[68]." Auch diese Aussage der Bundesministerin lässt sich mit den geänderten Immissionsrichtwerten der TA Lärm begründen und den damit einhergehenden größeren Gestaltungsmöglichkeiten, immissionsschutzrechtliche Nutzungskonflikte im Zusammenhang mit heranrückenden schutzwürdigen Nutzungen zu reduzieren. In diesem Fall trifft es zu, dass die Durchmischung von Wohnen, Arbeit und Freizeit erleichtert wird. Die allgemein zulässigen sonstigen Gewerbebetriebe (§ 6a Abs. 2 Nr. 4 BauNVO) können näher an Wohnnutzungen heranrücken

---

[68] BMUB Pressemitteilung am 31.03.2017. www.bmub.bund.de/pressemitteilung/baurechtsnovelle-ermoeglicht-verdichtetes-bauen-in-der-stadt-der-kurzen-wege.

und die Freizeitgestaltung erweitert sich durch die Änderung der Sportanlagenlärmschutzverordnung in Urbanen Gebieten.

Dennoch bleibt das mitunter dringendste Versprechen nach bezahlbarem Wohnraum von Frau Hendricks im Gesetz vollkommen unberücksichtigt. Die Wohnungen werden durch die Einführung des Urbanen Gebiets nicht billiger und es fehlen im Gesetzestext jegliche Hinweise darauf, wie günstiges Wohnen in Urbanen Gebieten geschaffen werden kann. Was erreicht werden kann ist, dass im Urbanen Gebiet nun Wohnungen gebaut werden können, die im Kerngebiet nicht gebaut werden dürfen, die jedoch aller Voraussicht nach allein auf Grund ihrer Lage nicht preiswert sein werden.

Es drängt sich nunmehr der Verdacht auf, dass die Politik und Immobilienwirtschaft das beim Normalbürger positive „urban" für eine höhere Mischung mit „sonstigem" Gewerbe und für eine Lärmerhöhung missbrauchen[69].

Hierzu ließe sich eine Grundsatzdebatte über den Zusammenhang von Dichte und Nutzungsmischung anschließen: Bedeutet Dichte immer auch Nutzungsmischung? Oder muss, wer eine hohe Dichte möchte, entmischen, um Störungen zu vermindern? Zumal die begehrten Wohnungen nicht zwingend in der Innenstadt an den lärmenden Hauptstraßen liegen, sondern in nahezu reinen Wohnblocks. Die Steigerung von beidem, um Urbane Gebiete künstlich zu erzeugen, bezeichnet das Autorenkollektiv Planungskultur als eine Vorstellung für Romantiker und hippe Stadttouristen[70].

Vor allem die Vermarktung der Urbanen Gebiete wird entscheidend, denn so viel ist sicher, alle Änderungen zur Art und Maß der Nutzung nützen vor allem den Grundstückseigentümern und Investoren. In diesem Sinne lässt es sich nicht eindeutig beantworten – vor allem nicht seitens der Politik – für wen das neue Urbane Gebiet eingeführt wurde. Für Grundstückseigentümer, lärmendes Gewerbe oder für Menschen, die dort wohnen.

---

[69] Kritisch hierzu Autorenkollektiv Planungskultur, in: Planerin 2017, S. 55 ff.
[70] Ebenda, S. 56.

6. Quellenverzeichnis

6.1 Literatur

Autorenkollektiv Planungskultur: Das Urbane Gebiet. Wem nützt es, in: Planerin 2/2017. Vereinigung für Stadt-, Regional- und Landesplanung (Hrsg.), Berlin 2017.

Battis, Ulrich / Mitschang, Stephan / Reidt, Olaf: Das Gesetz zur Umsetzung der Richtlinie 2014/52/EU im Städtebaurecht und zur Stärkung des neuen Zusammenlebens in der Stadt (BauGB Novelle 2017), in: Neue Zeitschrift für Verwaltungsrecht (NVwZ), Vahlen Verlag, München 2017, S. 817-826.

Bunzel, Arno / Hanke, Stefanie / Frölich von Bodelschwingh, Franciska / Strauss, Wolfgang-Christian: Planspiel zur Städtebaurechtsnovelle 2016/2017. Deutsches Institut für Urbanistik (Hrsg.), Berlin 2017.

Bunzel, Arno / Frölich von Bodenschwingh, Franciska / Strauss, Wolf-Christian: Grundlagenforschung zur Baugebietstypologie der Baunutzungsverordnung. Deutsches Institut für Urbanistik (Hrsg.), Berlin 2014.

Fickert, Hans Carl / Fieseler Herbert: Baunutzungsverordnung – Kommentar unter besonderer Berücksichtigung des deutschen und gemeinschaftlichen Umweltschutzes. 2. Auflage, Verlag W. Kohlhammer, Stuttgart 2014.

Ernst, Werner / Zinkahn, Willy / Bielenberg Walter / Krautzberger, Michael (Hrsg.): Baunutzungsverordnung Kommentar, C.H. Beck Verlag, lose Blattsammlung, München 2016.

Lohse, Eva: Den Wohnraummangel gemeinsam bekämpfen –bezahlbare Wohnungen für alle Bevölkerungsgruppen, in: Städtetag aktuell, Deutscher Städtetag (Hrsg.), Köln/Berlin 1/2016, S. 6-7.

Mattner, Andreas: „Urbanes Gebiet": Neue Flexibilität für Innenstädte, in: Immobilien Wirtschaft, Haufe Verlag, Freiburg 9/2016, S. 12-14.

Söfker, Wilhelm: Allgemeine Vorschriften für Bauflächen und Baugebiete § 1 BauNVO, in: Ernst, Werner / Zinkahn, Willy / Bielenberg Walter / Krautzberger, Michael (Hrsg.): Baunutzungsverordnung Kommentar, C.H. Beck Verlag, lose Blattsammlung, München 2014.

Söfker, Wilhelm: Bestimmung des Maßes der baulichen Nutzung, in: Ernst, Werner / Zinkahn, Willy / Bielenberg Walter / Krautzberger, Michael (Hrsg.): Baunutzungsverordnung Kommentar, C.H. Beck Verlag, lose Blattsammlung, München 2016.

Söfker, Wilhelm: Kerngebiet § 7 BauNVO, in: Ernst, Werner / Zinkahn, Willy / Bielenberg Walter / Krautzberger, Michael (Hrsg.): Baunutzungsverordnung Kommentar, C.H. Beck Verlag, lose Blattsammlung, München 2014.

Söfker, Wilhelm: Obergrenzen für die Bestimmung des Maßes der baulichen Nutzung, in: Ernst, Werner / Zinkahn, Willy / Bielenberg Walter / Krautzberger, Michael (Hrsg.): Baunutzungsverordnung Kommentar, C.H. Beck Verlag, lose Blattsammlung, München 2014.

Stock, Jürgen: Allgemeine Wohngebiete § 4 BauNVO, in: Ernst, Werner / Zinkahn, Willy / Bielenberg Walter / Krautzberger, Michael (Hrsg.): Baunutzungsverordnung Kommentar, C.H. Beck Verlag, lose Blattsammlung, München 2013.

Stock, Jürgen: Gebiete zur Erhaltung und Entwicklung der Wohnnutzung (besondere Wohngebiete) § 4a BauNVO, in: Ernst, Werner / Zinkahn, Willy / Bielenberg Walter / Krautzberger, Michael (Hrsg.): Baunutzungsverordnung Kommentar, C.H. Beck Verlag, lose Blattsammlung, München 2011.

Walter, Jörn: Bau und Überbau – Kommentar zur Ergänzung der BauNVO, in: Bauwelt, Bauverlag BV GmbH, Berlin 2016, S. 31-33.

Walker, Benedikt: Die neue Baugebietskategorie "Urbane Gebiete", in: jurisPR-UmwR, 3/2017, 1-3.

6.2 Rechtquellen

BVerwG Urteil vom 16.03.1984 – 4 C 50/80: Wohnungen für Betriebsinhaber und Betriebsleiter, in: Neue Zeitschrift für Verwaltungsrecht (NVwZ), Vahlen Verlag, München 1884, S. 511-512.

BVerwG Urteil vom 04.05.1988 – 4 C 34/86: Zulässigkeit von Einzelhandelsbetrieben in Mischgebiet, in: Neue Juristische Wochenschrift (NJW), Verlag C.H. Beck, Frankfurt am Main 1988, S. 3168-3170.

BVerwG Urteil vom 13.07.2009 – 4 B 44.09, in: Zeitschrift für deutsches und internationales Bau- und Vergaberecht (ZfBR), Vahlen Verlag, München 2009, S. 691-692.

OVG Münster Urteil vom 18.03.2004 – 7a D 52/03.NE, in: Beck online Rechtsprechung (BeckRS), C.H.Beck Verlag, München 2004, 22279.

6.3 Material

Bundesgesetzblatt (BGBl) Teil I Nr. 25 vom 12.05.2017: Gesetz zur Umsetzung der Richtlinie 2014/52/EU im Städtebaurecht und zur Stärkung des neuen Zusammenlebens in der Stadt, S. 1057-1063.

Bundesministerium für Umwelt, Naturschutz, Bau und Reaktorsicherheit (BMUB): Baurechtsnovelle ermöglicht verdichtetes Bauen in der Stadt der kurzen Wege, Berlin Pressemitteilung am 31.03.2017.
www.bmub.bund.de/pressemitteilung/baurechtsnovelle-ermoeglicht-verdichtetes-bauen-in-der-stadt-der-kurzen-wege/, geöffnet am 14.07.2017.

Deutscher Bundestag: Entwurf eines Gesetzes zur Umsetzung der Richtlinie 2014/52/EU im Städtebaurecht und zur Stärkung des neuen Zusammenlebens in der Stadt, Drucksache 18/10942 vom 23.01.2017, Dokumentations- und Informationssystem (DIP), Berlin.

Deutscher Bundestag: Beschlussempfehlung und Bericht des Ausschusses für Umwelt, Naturschutz, Bau und Reaktorsicherheit (16. Ausschuss), Drucksache 18/11006 vom 25.01.2017, Dokumentations- und Informationssystem (DIP), Berlin.

Deutscher Bundestag: Beschlussempfehlung und Bericht des Ausschusses für Umwelt, Naturschutz, Bau und Reaktorsicherheit zu dem Gesetzentwurf der Bundesregierung – Drucksachen 18/10942, 18/11181, 18/11225 Nr. 7, Drucksache 18/11439 vom 08.03.2017, Dokumentations- und Informationssystem (DIP), Berlin.

Deutscher Bundesrat: Plenarprotokoll 216. Sitzung vom 27.01.2017.
dipbt.bundestag.de/extrakt/ba/WP18/788/78840.html, geöffnet am 10.07.2016.

Deutscher Bundesrat: Plenarprotokoll 953. Sitzung vom 10.02.2017.
dipbt.bundestag.de/extrakt/ba/WP18/788/78840.html, geöffnet am 11.07.2016.

Deutscher Bundesrat: Plenarprotokoll 956. Sitzung vom 31.03.2017.
dipbt.bundestag.de/extrakt/ba/WP18/788/78840.html, geöffnet am 10.07.2016.

Deutscher Bundesrat: Beschlussdrucksache zur Allgemeine Verwaltungsvorschrift zur Änderung der Sechsten Allgemeinen Verwaltungsvorschrift zum Bundes-Immissionsschutzgesetz: Technische Anleitung zum Schutz gegen Lärm – Drucksache 708/16 vom 31.03.2017, Bundesanzeiger Verlag, Köln.

6.4 Gesetze und Verwaltungsvorschriften

Achtzehnte Verordnung zur Durchführung des Bundes-Immissionsschutzgesetzes –
Sportanlagenlärmschutzverordnung - 18. BImSchV vom 18. Juli 1991 (BGBl. I S.
1588), zuletzt geändert durch Artikel 1 der Verordnung vom 1. Juni 2017 (BGBl. I S.
1468).

Baugesetzbuch (BauGB) in der Fassung der Bekanntmachung vom 23.09.2004 (BGBl.
I S. 2414) zuletzt geändert durch Artikel 2 des Gesetzes vom 30. Juni 2017 (BGBl. I S.
2193).

Baunutzungsverordnung (BauNVO) in der Fassung der Bekanntmachung vom
23.01.1990 (BGBl. I S. 132), zuletzt geändert durch Artikel 2 des Gesetzes vom 4.
Mai 2017 (BGBl. I S. 1057).

Gesetz zum Schutz gegen Fluglärm in der Fassung der Bekanntmachung vom 31.
Oktober 2007 (BGBl. I S.2550).

Sechste Allgemeine Verwaltungsvorschrift zum Bundes-Immissionsschutzgesetz
(Technische Anleitung zum Schutz gegen Lärm – TA Lärm) vom 26.08.1998 (GMBl.
1998 Nr. 26, S. 503), zuletzt geändert durch die Verwaltungsvorschrift vom
01.06.2017 (BAnz AT 08.06.2017 B5).

Sechzehnte Verordnung zur Durchführung des Bundes-Immissionsschutzgesetzes –
Verkehrslärmschutzverordnung - 16. BImSchV vom 12. Juni 1990 (BGBl. I S. 1036),
zuletzt geändert durch Artikel 1 der Verordnung vom 18. Dezember 2014 (BGBl. I S.
2269).